もくじ 時計１ねん

ページ

とけいの いろいろな よみかた

4じ16ぷん　8じ14ふん　3じ

こたえ

ながいはり

みじかいはり

1じ　2じ　3じ　4じ　5じ　6じ　7じ　8じ　9じ　10じ　11じ　12じ

とけいの よみかた

なんじ ①

月　　日

10ぷん

／100てん

1 とけいを　よみましょう。
　　みじかい　はりが

□1つ20〔60てん〕

　[　]、ながい　はりが

　[　]を　さして

いるから　[　]じです。

2 とけいを　よんで、ただしい　ほうに　○を
つけましょう。

1つ20〔40てん〕

❶

（ ２じ ・ 12じ ）

❷

（ ７じ ・ ８じ ）

なんじ ①

／100てん

1 とけいを　よんで、ただしい　ほうに　○を
つけましょう。

1つ25〔75てん〕

❶

（ 12 じ ・ 1 じ ）

❷

（ 6 じ ・ 12 じ ）

❸

（ 10 じ ・ 11 じ ）

2 5じの　とけいは　どちらですか。

〔25てん〕

あ  　 い

（　　　）

こたえは
65ページ

なんじ ②

／100てん

1▶ とけいを よみましょう。　　　1つ25〔100てん〕

①

（　　　　　）

②

（　　　　　）

③

（　　　　　）

④

（　　　　　）

なんじ ②

／100てん

1 とけいを よみましょう。

1つ15〔60てん〕

 ❶

（　　　　　　）

❷

（　　　　　　）

❸

（　　　　　　）

❹

（　　　　　　）

2 ながい はりを かきましょう。

1つ20〔40てん〕

❶ 3じ

❷ 1じ

こたえは
65ページ

なんじ ③

／100てん

❶ とけいを　よみましょう。

1つ25〔100てん〕

❶
（　　　　）

❷
（　　　　）

❸
（　　　　）

❹
（　　　　）

なんじ ③

/100てん

1 とけいを よみましょう。　　　　　1つ15〔60てん〕

❶

❷

（　　　　　　） （　　　　　　）

❸

❹

（　　　　　　） （　　　　　　）

2 ながい はりを かきましょう。　　　1つ20〔40てん〕

❶ 8 じ

❷ 6 じ　

8—時計1年

こたえは 65ページ

なんじ ④

／100てん

1 とけいを よみましょう。 1つ25〔100てん〕

❶  （　　　　）

❷  （　　　　）

❸  （　　　　）

❹  （　　　　）

時計1年—9

こたえは
66ページ

なんじ ④

／100てん

1 とけいを よみましょう。　　　　1つ15〔60てん〕

❶

（　　　　　）

❷

（　　　　　）

❸

（　　　　　）

❹

（　　　　　）

2 みじかい はりを かきましょう。　1つ20〔40てん〕

❶　10 じ

❷　9 じ

こたえは
66ページ

なんじ ⑤

／100てん

1 とけいを　よみましょう。　　　　　　1つ15〔60てん〕

①

②

（　　　　　）（　　　　　）

③

④

（　　　　　）（　　　　　）

2 とけいを　よみましょう。　　　　　　1つ20〔40てん〕

①

②

（　　　　　）（　　　　　）

なんじ ⑤

/100てん

1 とけいを よみましょう。　　　1つ20〔40てん〕

①

②

(　　　　　　　)　(　　　　　　　)

2 とけいを みて こたえましょう。　　　1つ30〔60てん〕

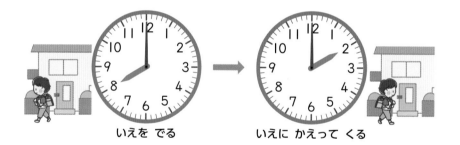

いえを でる　　　　　　いえに かえって くる

① いえを でたのは なんじですか。

(　　　　　　　　　　　)

② いえに かえって きたのは なんじですか。

(　　　　　　　　　　　)

こたえは 66ページ

なんじはん ①

月　　日

10ぷん

／100てん

1 とけいを　よみましょう。　　　　　　□1つ20〔60てん〕

みじかい　はりが

□　と　□　の　あいだ、

ながい　はりが

□　を　さして　いるから

9 じはんです。

2 とけいを　よんで、ただしい　ほうに　○を
つけましょう。

1つ20〔40てん〕

❶

（2 じ・2 じはん）

❷

（7 じ・7 じはん）

なんじはん ①

月　　日

10ぷん

／100てん

1 とけいを　よんで、ただしい　ほうに　○を
つけましょう。

1つ25〔75てん〕

❶

（　**3** じはん・**4** じはん　）

❷

（　**6** じはん・**7** じはん　）

❸

（　**10** じはん・**11** じはん　）

2 **1** じはんの　とけいは　どちらですか。　〔25てん〕

 ⓐ　　　　ⓘ

（　　　　　）

こたえは
66ページ

なんじはん ②

10ぷん

月　　日

／100てん

1 とけいを よみましょう。

1つ25〔100てん〕

①

（　　　　　　　）

②

（　　　　　　　）

③

（　　　　　　　）

④

（　　　　　　　）

なんじはん ②

月　日　10ぷん

／100てん

1 とけいを よみましょう。

1つ15〔60てん〕

❶

（　　　　　）

❷

（　　　　　）

❸

（　　　　　）

❹

（　　　　　）

2 ながい はりを かきましょう。

1つ20〔40てん〕

❶ 3 じはん

❷ 1 じはん

こたえは
66ページ

きほん
8

なんじはん ③

／100てん

1 ▶ とけいを　よみましょう。

1つ25〔100てん〕

①

（　　　　　　）

②

（　　　　　　）

③

（　　　　　　）

④

（　　　　　　）

なんじはん ③

／100てん

1 とけいを よみましょう。

1つ15〔60てん〕

①

（　　　　　　）

②

（　　　　　　）

③

（　　　　　　）

④

（　　　　　　）

2 ながい はりを かきましょう。

1つ20〔40てん〕

① 5 じはん

② 8 じはん

こたえは 67ページ

なんじはん ④

/100てん

1 とけいを　よみましょう。

1つ20〔60てん〕

❶

（　　　　　）

❷

（　　　　　）

❸

（　　　　　）

2 ながい　はりを　かきましょう。

1つ20〔40てん〕

❶　9じはん

❷　11じはん

月　日　 10ぷん

なんじはん ④

／100てん

 とけいを よみましょう。

1つ20〔40てん〕

❶

❷

（　　　　　　　）（　　　　　　　）

2 めいさんは ほんを よんで います。 1つ30〔60てん〕

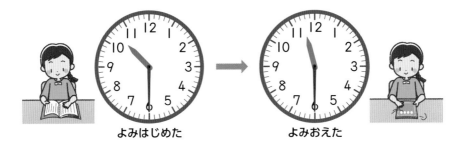

よみはじめた　　　　　　よみおえた

❶ ほんを よみはじめたのは、なんじはんですか。

（　　　　　　　）

❷ ほんを よみおえたのは、なんじはんですか。

（　　　　　　　）

こたえは
67ページ

なんじはん ⑤

／100てん

 ▶ とけいを　よみましょう。

1つ15〔60てん〕

❶

❷

(　　　　　　　) (　　　　　　　)

❸

❹

(　　　　　　　) (　　　　　　　)

2 ▶ とけいを　よみましょう。

1つ20〔40てん〕

❶

❷

(　　　　　　　) (　　　　　　　)

なんじはん ⑤

／100てん

1 ▶ ながい はりを かきましょう。　　1つ20〔80てん〕

① 4 じはん

② 9 じはん

③ 7 じはん

④ 10 じはん

2 ▶ 6 じはんの とけいは どちらですか。　〔20てん〕

あ

い

(　　　　　)

こたえは
67ページ

なんじ、なんじはん ①

／100てん

 とけいを よみましょう。

1つ15〔60てん〕

❶

（　　　　　）

❷

（　　　　　）

❸

（　　　　　）

❹

（　　　　　）

 とけいを よみましょう。

1つ20〔40てん〕

❶

（　　　　　）

❷

（　　　　　）

なんじ、なんじはん ①

10ぶん

／100てん

1 ながい　はりを　かきましょう。

1つ20〔80てん〕

❶　8じ

❷　11じ

❸　4じはん

❹　9じはん

2 8じはんの　とけいは　どちらですか。

〔20てん〕

あ

い

（　　　　　）

こたえは
67ページ

なんじ、なんじはん ②

月　　日

／100てん

1 とけいを　よみましょう。

1つ20〔60てん〕

①

（　　　　　　）

②

（　　　　　　）

③

（　　　　　　）

2 ながい　はりを　かきましょう。

1つ20〔40てん〕

① ２じはん

② １０じはん

なんじ、なんじはん ②

／100てん

1 とけいを　よみましょう。　　1つ20〔40てん〕

①

②

(　　　　　　　) (　　　　　　　)

2 りくさんは　こうえんに　いきました。　1つ30〔60てん〕

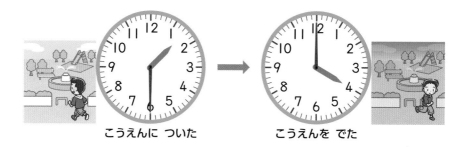

こうえんに　ついた　　　　こうえんを　でた

① こうえんに　ついたのは、なんじですか。
また、なんじはんですか。

(　　　　　　　　　　　　)

② こうえんを　でたのは、なんじですか。
また、なんじはんですか。

(　　　　　　　　　　　　)

こたえは
68ページ

きほん
13

5とび、10とびの　かず

／100てん

1 ▶ □に　あう　かずを　かきましょう。

1つ25〔100てん〕

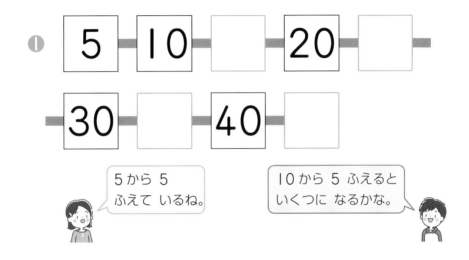

① | 5 | 10 | | 20 | |

| 30 | | 40 | |

5から 5
ふえて いるね。

10から 5 ふえると
いくつに なるかな。

② | 40 | 45 | | 55 | |

③ | 10 | 20 | | 40 | |

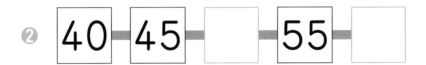

④ | 30 | | 50 | |

こたえは
68ページ

5とび、10とびの かず

／100てん

1 □に あう かずを かきましょう。

1つ20〔100てん〕

① | 10 | | 20 | | 30 |

| 35 | 40 | | 50 | |

② | 25 | | 35 | | 45 |

③ | | 10 | 15 | | 25 |

④ | 20 | 30 | | | 60 |

⑤ | 15 | | 35 | | 55 |

こたえは 68ページ

きほん 14　なんじなんぷん ①

/100てん

1 ▶ □に　あう　かずを　かきましょう。

□1つ15〔60てん〕

2 ▶ **1** の　とけいを　よみましょう。　　□1つ20〔40てん〕

　みじかい　はりが　10と　11の　あいだ、
ながい　はりは　2を　さして　いるから、

　□　じ　□　ぷん。

月　日

10ぷん

なんじなんぷん ①

／100てん

1 とけいを　よんで、ただしい　ほうに　○を
つけましょう。

1つ25〔100てん〕

❶
（ 11 じ 4 ぷん ・ 11 じ 20 ぷん ）

❷
（ 2 じ 8 ふん ・ 2 じ 40 ぷん ）

❸
（ 8 じ 10 ぷん ・ 9 じ 10 ぷん ）

❹
（ 6 じ 50 ぷん ・ 7 じ 50 ぷん ）

こたえは
68ページ

10ぷん

きほん
15

なんじなんぷん ②

／100てん

 とけいを　よみましょう。

1つ20〔100てん〕

❶

(　　　　　　　)

❷

(　　　　　　　)

❸

(　　　　　　　)

❹

(　　　　　　　)

❺

(　　　　　　　)

こたえは
68ページ

月　　日

なんじなんぷん ②

／100てん

1 とけいを よみましょう。

1つ20〔100てん〕

①

（　　　　　　）

②

（　　　　　　）

③

（　　　　　　）

④

（　　　　　　）

⑤

（　　　　　　）

こたえは
68ページ

なんじなんぷん ③

 1 とけいを　よみましょう。

1つ20〔100てん〕

❶  ❷

(　　　　　　　) (　　　　　　　)

❸  ❹

(　　　　　　　) (　　　　　　　)

❺

(　　　　　　　)

なんじなんぷん ③

／100てん

 とけいを よみましょう。

1つ20〔100てん〕

❶

( )

❷

( )

❸

( )

❹

( )

❺

( )

こたえは
69ページ

きほん 17

なんじなんぷん ④

月　　日

／100てん

1 □に あう かずを かきましょう。

□1つ12〔60てん〕

2 **1** の とけいを よみましょう。　□1つ20〔40てん〕

　みじかい はりが 8と 9の あいだ、
ながい はりは 1を さして いるから、

　□ じ □ ふん。

こたえは
69ページ

10ぷん

なんじなんぷん ④

／100てん

月　日

1 とけいを　よんで、ただしい　ほうに　○を
つけましょう。

1つ25〔100てん〕

❶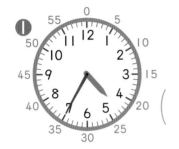
（ 4 じ 7 ふん ・ 4 じ 35 ふん ）

❷
（ 3 じ 1 ぷん ・ 3 じ 5 ふん ）

❸
（ 1 じ 15 ふん ・ 2 じ 15 ふん ）

❹
（ 9 じ 55 ふん ・ 10 じ 55 ふん ）

こたえは
69ページ

きほん
18

なんじなんぷん ⑤

／100てん

 とけいを　よみましょう。

1つ20〔100てん〕

①

②

（　　　　　　　） （　　　　　　　）

③

④

（　　　　　　　） （　　　　　　　）

⑤

（　　　　　　　）

なんじなんぷん ⑤

／100てん

 とけいを　よみましょう。

1つ20〔100てん〕

①

（　　　　　　　　）

②

（　　　　　　　　）

③

（　　　　　　　　）

④

（　　　　　　　　）

⑤

（　　　　　　　　）

こたえは
69ページ

なんじなんぷん ⑥

／100てん

 とけいを　よみましょう。　　　　1つ20〔100てん〕

①

②

（　　　　　　　）　（　　　　　　　）

③

④

（　　　　　　　）　（　　　　　　　）

⑤

（　　　　　　　）

なんじなんぷん ⑥

／100てん

1 とけいを よみましょう。

1つ20〔100てん〕

①

（　　　　　　　）

②

（　　　　　　　）

③

（　　　　　　　）

④

（　　　　　　　）

⑤

（　　　　　　　）

こたえは
69ページ

なんじなんぷん ⑦

／100てん

 とけいを　よみましょう。　　　　　　1つ15〔60てん〕

①

（　　　　　　）

②

（　　　　　　）

③

（　　　　　　）

④

（　　　　　　）

 とけいを　よみましょう。　　　　　　1つ20〔40てん〕

①

（　　　　　　）

②

（　　　　　　）

こたえは
70ページ

なんじなんぷん ⑦

／100てん

1 とけいを よみましょう。

1つ20〔80てん〕

❶

（　　　　　　　　）

❷

（　　　　　　　　）

❸

（　　　　　　　　）

❹

（　　　　　　　　）

2 8じ 55ふんの とけいは どちらですか。

〔20てん〕

あ

い

（　　　　　　　　）

こたえは
70ページ

きほん 21

なんじなんぷん ⑧

/100てん

1 □に　あう　かずを　かきましょう。

□1つ50〔100てん〕

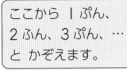
ここから 1ぷん、
2ふん、3ぷん、…
と かぞえます。

みじかい はりが
9を とおりすぎて
10との あいだに
あるから、
「9じなんぷん」
だね。

1めもりが
1ぷんだよ。

9じ　ちょうどから、ながい　はりが
3めもり　うごいて　います。

とけいは、□じ□ぷんです。

なんじなんぷん ⑧

/100てん

 1 とけいを よみましょう。

( )1つ20〔100てん〕

❶

 **3 じ** ( )

❷

( ) ( )

❸

( ) ( )

こたえは
70ページ

きほん
22

なんじなんぷん ⑨

10ぷん

／100てん

1 □に あう かずを かきましょう。

□1つ25〔100てん〕

なんじなんぷんかな？

ながい はりが、
2の ところから
すこし すすんで
いるね。

⌐あの とけいは、 □ じ □ ぷんです。

ⓘの とけいは、10じ 10ぷんから、
ながい はりが 2つ すすんで いるから、

□ じ □ ふんです。

こたえは
70ページ

時計1年—**45**

なんじなんぷん ⑨

／100てん

 とけいを　よみましょう。

（　）1つ20〔100てん〕

❶

1じ20ぷん　（　　　　　　　）

❷

（　　　　　　　）（　　　　　　　）

❸

（　　　　　　　）（　　　　　　　）

こたえは
70ページ

なんじなんぷん ⑩

／100てん

 とけいを　よみましょう。

1つ20〔100てん〕

①

②

（　　　　　　）（　　　　　　）

③

④

（　　　　　　）（　　　　　　）

⑤

（　　　　　　）

月　日

なんじなんぷん ⑩

／100てん

 1 とけいを よみましょう。

1つ20〔100てん〕

①

(　　　　　　　)

②

(　　　　　　　)

③

(　　　　　　　)

④

(　　　　　　　)

⑤

(　　　　　　　)

こたえは
70ページ

なんじなんぷん ⑪

／100てん

1 とけいを よみましょう。

1つ20〔100てん〕

❶

(　　　　　　)

❷

(　　　　　　)

❸

(　　　　　　)

❹

(　　　　　　)

❺

(　　　　　　)

なんじなんぷん ⑪

10ぷん

月　日

／100てん

1 とけいを　よみましょう。

1つ20〔100てん〕

①

②

（　　　　　）（　　　　　）

③

④

（　　　　　）（　　　　　）

⑤

（　　　　　）

こたえは
71ページ

なんじなんぷん ⑫

10ぷん

／100てん

 とけいを よみましょう。　　　　1つ15〔60てん〕

❶

(　　　　　　　) (　　　　　　　)

❷

❸

❹

(　　　　　　　) (　　　　　　　)

2 **ながい はりを かきましょう。**　　　　1つ20〔40てん〕

❶ 9じ18ふん

❷ 1じ52ふん

こたえは
71ページ

なんじなんぷん ⑫

月　日

／100てん

1 とけいを よみましょう。

1つ20〔80てん〕

①

②

（　　　　　）（　　　　　）

③

④

（　　　　　）（　　　　　）

2 5じ56ぷんの とけいは どちらですか。　〔20てん〕

あ

い

（　　　　　）

こたえは
71ページ

きほん 26

いろいろな　とけい

／100てん

1 とけいを　よみましょう。　　　　〔20てん〕

7は、**7**と
あらわす
ことも
あります。

いえや えきで
みた ことが
あるかな。

なんじ　　なんぷん

（ 3 じ 17 ふん ）

2 とけいを　よみましょう。　　　　1つ20〔80てん〕

❶

8:16

❷

4:59

（　　　　　）（　　　　　）

❸

12:00

❹

11:02

（　　　　　）（　　　　　）

こたえは
71ページ

いろいろな　とけい

／100てん

1 せんで　むすびましょう。

〔ぜんぶ　できて100てん〕

| 10じ12ふん | 3じ | 8じ50ぷん |

| 8:50 | 10:12 | 3:00 |

こたえは
71ページ

なんじ、なんじはん、なんじなんぷん ①

／100てん

 とけいを　よみましょう。　1つ15〔60てん〕

①

②

（　　　　　　　）（　　　　　　　）

③

④

（　　　　　　　）（　　　　　　　）

 とけいを　よみましょう。　1つ20〔40てん〕

①

②

（　　　　　　　）（　　　　　　　）

こたえは
71ページ

なんじ、なんじはん、なんじなんぷん ①

／100てん

1 とけいを　よみましょう。

1つ20〔80てん〕

❶

(　　　　　　　　)

❷

(　　　　　　　　)

❸

(　　　　　　　　)

❹

(　　　　　　　　)

2 なんじなんぷんですか。
あ〜うから　えらびましょう。

〔20てん〕

あ　8じ57ふん

い　9じ57ふん

う　10じ57ふん

(　　　　　　　　)

こたえは
71ページ

なんじ、なんじはん、なんじなんぷん ②

10ぷん

／100てん

1 とけいを よみましょう。

1つ20〔40てん〕

 ❶

❷

(　　　　　) (　　　　　)

2 とけいを よみましょう。

1つ15〔60てん〕

 ❶

 ❷

(　　　　　) (　　　　　)

❸

 ❹

(　　　　　) (　　　　　)

なんじ、なんじはん、なんじなんぷん ②

月　日

10ぷん

／100てん

1 とけいを　よみましょう。

1つ20〔80てん〕

❶

（　　　　　　　　）

❷

（　　　　　　　　）

❸

（　　　　　　　　）

❹

（　　　　　　　　）

2 6じ59ふんの　とけいは　どちらですか。〔20てん〕

あ 　い

（　　　　　　　　）

こたえは
72ページ

10ぷん

きほん 29

ぶんしょうだいに　ちゃれんじ

/100てん

1 はるとさんは　どうぶつえんに　いきました。

1つ25〔100てん〕

おきる　　　　でかける　　　おひるごはんを　たべる　　　いえに　かえる

❶　はるとさんが　おきたのは　なんじですか。

（　　　　　　　　　）

❷　はるとさんが　でかけたのは
なんじなんぷんですか。

（　　　　　　　　　）

❸　はるとさんが　おひるごはんを　たべたのは
なんじですか。

（　　　　　　　　　）

❹　はるとさんが　いえに　かえったのは
なんじなんぷんですか。

（　　　　　　　　　）

こたえは
72ページ

ぶんしょうだいに　ちゃれんじ

／100てん

1 とけいを　みて　こたえましょう。

❶❷1つ 30、❸ 40〔100てん〕

❶　さきさんが　いって
　　いる　ことは
　　ただしいですか。

> 9じからの　うたの
> れんしゅうが　もう
> はじまって　いるね。

さき

（　　　　　　　）

❷　そらさんと　ひなさんは　どちらが
　　ただしいですか。

> みじかい　はりが　だいたい
> 9だから、9じ55ふんです。

そら

> まだ9じに
> なって　いません。

ひな

（　　　　　　　）

❸　なんじなんぷんですか。

（　　　　　　　）

こたえは
72ページ

力だめし ①

10ぷん

／100てん

1 とけいを よみましょう。　　　1つ15〔60てん〕

①

（　　　　　　）

②

（　　　　　　）

③

（　　　　　　）

④

（　　　　　　）

2 ながい はりを かきましょう。　　1つ20〔40てん〕

① 4じ 36ぷん

② 7じ 28ふん

力だめし ②

/100てん

 1 とけいを よみましょう。

1つ20〔40てん〕

①

②

(   ) (   )

2 とけいを みて こたえましょう。

1つ30〔60てん〕

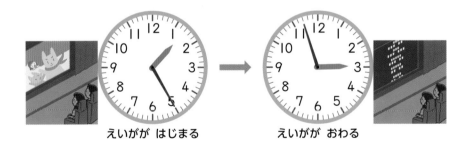

えいがが はじまる   えいがが おわる

① えいがが はじまったのは
なんじなんぷんですか。

(   )

② えいがが おわったのは
なんじなんぷんですか。

(   )

こたえは
72ページ

かくにん
32

力だめし ③

10ぷん

/100てん

---

1 せんで　むすびましょう。

1つ20〔60てん〕

・

・

・

```
5:25
```

```
7:25
```

```
6:25
```

2 ただしいのは　どちらですか。

1つ20〔40てん〕

① 8じ12ふん　　あ　　　　　　い

(　　　　　)

② 10じ55ふん　あ　　　　　　い

(　　　　　)

力だめし ④

/100てん

 とけいを よみましょう。

1つ20〔80てん〕

❶

（　　　　　　　　）

❷

（　　　　　　　　）

❸

（　　　　　　　　）

❹

（　　　　　　　　）

 はるさんが みて いる とけいは あ、い の
どちらですか。

〔20てん〕

あ 　い

（　　　　　　　　）

8 じからの
テレビばんぐみが
もうすぐ
はじまるよ！

はる

こたえは
72ページ

こたえ

1   3・4ページ

1 (じゅんに) 3、12、3

2 ① 2じ
  ② 7じ

　　　　★　★　★

1 ① 1じ
  ② 6じ
  ③ 11じ

2 ⓐ

てびき 1 時計の長針が12をさしているときは、短針のさしている数字を読んで、「●時」といいます。①は、長針が12で、短針が1をさしているから、1時です。

2   5・6ページ

1 ① 1じ
  ② 2じ
  ③ 3じ
  ④ 4じ

　　　　★　★　★

1 ① 2じ
  ② 3じ
  ③ 1じ
  ④ 4じ

2 ① ②

てびき 2 ●時ちょうどの時計は、長針が12をさしています。①で長針の薄い線をなぞってかき、②で実際にかいてみましょう。

3   7・8ページ

1 ① 5じ
  ② 6じ
  ③ 7じ
  ④ 8じ

　　　　★　★　★

1 ① 6じ
  ② 8じ
  ③ 5じ
  ④ 7じ

2 ①   ②

てびき 2 時計の中心から12に向かって、まっすぐに長針をかきましょう。

１ ❶ 9 じ
❷ 10 じ
❸ 11 じ
❹ 12 じ

★ ★ ★

１ ❶ 9 じ
❷ 12 じ
❸ 11 じ
❹ 10 じ

２ ❶ **❷**

てびき ２ 長針ではなく、短針を時計にかく問題です。
❶は 10 を、❷は 9 をさすように、短針をかきましょう。

１ ❶ 3 じ
❷ 6 じ
❸ 7 じ
❹ 4 じ

２ ❶ 11 じ
❷ 1 じ

★ ★ ★

１ ❶ 12 じ
❷ 9 じ

２ ❶ 8 じ
❷ 2 じ

１ (じゅんに) 9、10、6
２ ❶ 2 じはん
❷ 7 じはん

★ ★ ★

１ ❶ 3 じはん
❷ 6 じはん
❸ 11 じはん

２ ⓘ

てびき １ 時計の長針が 6 をさしているときは、「●時半」です。
短針が 3 を通り過ぎて 4 との間にあるときは「3 時半」、6 を通り過ぎて 7 との間にあるときは「6 時半」です。

１ ❶ 1 じはん **❷** 2 じはん
❸ 3 じはん **❹** 4 じはん

★ ★ ★

１ ❶ 1 じはん **❷** 4 じはん
❸ 2 じはん **❹** 3 じはん

２ ❶ **❷**

てびき １ ❶ 1 時半なのか 2 時半なのか、迷うことが多い問題です。
短針が 1 を通り過ぎていて、2 は通り過ぎていないところがポイントです。

8 (17・18ページ)

1. ① 5 じはん
   ② 6 じはん
   ③ 7 じはん
   ④ 8 じはん

★ ★ ★

1. ① 6 じはん
   ② 5 じはん
   ③ 8 じはん
   ④ 7 じはん

2. ① ②

9 (19・20ページ)

1. ① 9 じはん
   ② 10 じはん
   ③ 11 じはん

2. ① ②

てびき 2 「●時半」なので、6 をさすように、長針をかきましょう。

★ ★ ★

1. ① 11 じはん
   ② 9 じはん

2. ① 10 じはん
   ② 11 じはん

10 (21・22ページ)

1. ① 8 じはん　② 1 じはん
   ③ 3 じはん　④ 5 じはん

2. ① 2 じはん　② 11 じはん

★ ★ ★

1. ①  ②
   ③ ④

2. ⓘ

てびき 2 ⓐの時計は、5 時半をあらわしています。

11 (23・24ページ)

1. ① 5 じ　② 6 じはん
   ③ 7 じ　④ 7 じはん

2. ① 11 じはん　② 3 じ

★ ★ ★

1. ①  ②
   ③ ④

2. ⓐ

12

1 ❶ 3 じはん ❷ 12 じ
❸ 5 じはん

2 ❶ ❷

★ ★ ★

1 ❶ 8 じはん ❷ 2 じ
2 ❶ 1 じはん ❷ 4 じ

13

1 (じゅんに) ❶ 15、25、35、45
❷ 50、60
❸ 30、50 ❹ 40、60

★ ★ ★

1 (じゅんに)
❶ 15、25、45、55
❷ 30、40 ❸ 5、20
❹ 40、50 ❺ 25、45

14

1

2 (じゅんに) 10、10

てびき ●時●十分の時計をよみます。
長針が 2 のときは 10 分、4 は 20
分、6 は 30 分、8 は 40 分、10
は 50 分ということを確かめましょ
う。

2 時計の長針が 2 をさしているの
で 10 分、短針が 10 を通り過ぎて
11 との間にあるので 10 時だから、
10 時 10 分です。

★ ★ ★

1 ❶ 11 じ 20 ぷん
❷ 2 じ 40 ぷん
❸ 8 じ 10 ぷん
❹ 6 じ 50 ぷん

てびき **1** ❹長針が 12 に近づく
と、「短針がだいたい 7 だから 7 時
50 分」という間違いが多くなりま
す。6 を通り過ぎて 7 との間にあ
るので、6 時 50 分です。

15

1 ❶ 9 じ 10 ぷん
❷ 9 じ 20 ぷん
❸ 9 じ 30 ぷん(9 じはん)
❹ 9 じ 40 ぷん
❺ 9 じ 50 ぷん

★ ★ ★

1 ❶ 1 じ 40 ぷん
❷ 1 じ 20 ぷん
❸ 1 じ 10 ぷん
❹ 1 じ 50 ぷん
❺ 1 じ 30 ぷん

16

33・34ページ

1 ❶ 4 じ 10 ぷん
　❷ 5 じ 40 ぷん
　❸ 11 じ 20 ぷん
　❹ 2 じ 50 ぷん
　❺ 3 じ 30 ぷん

★ ★ ★

1 ❶ 8 じ 20 ぷん
　❷ 6 じ 30 ぷん
　❸ 2 じ 10 ぷん
　❹ 7 じ 40 ぷん
　❺ 10 じ 50 ぷん

17

35・36ページ

1

2 （じゅんに）　8、5

てびき 5 分刻みの時計をよみます。
　長針が 1 のときは 5 分、3 は 15 分、
5 は 25 分、7 は 35 分、9 は 45 分、
11 は 55 分ということを確かめま
しょう。

★ ★ ★

1 ❶ 4 じ 35 ふん
　❷ 3 じ 5 ふん
　❸ 1 じ 15 ふん
　❹ 9 じ 55 ふん

18

37・38ページ

1 ❶ 6 じ 5 ふん
　❷ 6 じ 15 ふん
　❸ 6 じ 25 ふん
　❹ 6 じ 35 ふん
　❺ 6 じ 55 ふん

★ ★ ★

1 ❶ 3 じ 45 ふん
　❷ 3 じ 5 ふん
　❸ 3 じ 25 ふん
　❹ 3 じ 15 ふん
　❺ 3 じ 55 ふん

19

39・40ページ

1 ❶ 4 じ 15 ふん
　❷ 8 じ 25 ふん
　❸ 10 じ 35 ふん
　❹ 11 じ 45 ふん
　❺ 2 じ 55 ふん

★ ★ ★

1 ❶ 7 じ 35 ふん
　❷ 4 じ 25 ふん
　❸ 10 じ 15 ふん
　❹ 11 じ 55 ふん
　❺ 1 じ 5 ふん

20

41・42ページ

1 ❶ 8 じ 20 ぷん ❷ 1 じ 15 ふん
　❸ 4 じ 10 ぷん ❹ 11 じ 35 ふん
2 ❶ 6 じ 40 ぷん ❷ 9 じ 25 ふん

★ ★ ★

1 ❶ 3 じ 45 ふん ❷ 2 じ 5 ふん
　❸ 7 じ 30 ぷん ❹ 10 じ 50 ぷん
2 あ

てびき **2** ①の時計は、7 時 55 分
をあらわしています。

21

43・44ページ

1 （じゅんに） 9、3

★ ★ ★

1 ❶ 3 じ 1 ぷん
　❷ 6 じ　→　6 じ 4 ぷん
　❸ 10 じ　→　10 じ 2 ふん

てびき **1** 長針の 1 目盛りは、
1 分です。

❷

> ここから 1 ぷん、2 ふん、3 ぷん、…と かぞえると、「4 ぷん」と わかります。

012345

（時計の絵）

> みじかい はりが 6 を とおりすぎて いるから、6 じ 4 ぷんです。

22

45・46ページ

1 （じゅんに） 10、10、10、12

★ ★ ★

1 ❶ 1 じ 21 ぷん
　❷ 8 じ 40 ぷん → 8 じ 44 ぷん
　❸ 3 じ 50 ぷん → 3 じ 58 ふん

てびき **1** ❶時計の長針が 20 分
から 1 目盛り進んでいるので 21
分、短針が 1 を通り過ぎて 2 との
間にあるので 1 時だから、1 時 21
分です。
❷長針と短針が近くにありますが、注
意して読み取りましょう。
❸長針が 12 に近づくと、「短針がだ
いたい 4 だから 4 時 58 分」という
間違いが多くなります。3 を通り過
ぎて 4 との間にあるので、3 時 58
分です。

23

47・48ページ

1 ❶ 9 じ 6 ぷん
　❷ 9 じ 12 ふん
　❸ 9 じ 32 ふん
　❹ 9 じ 41 ぷん
　❺ 9 じ 53 ぷん

★ ★ ★

1 ❶ 2 じ 44 ぷん
　❷ 2 じ 24 ぷん
　❸ 2 じ 51 ぷん
　❹ 2 じ 22 ふん
　❺ 2 じ 43 ぷん

24

49・50ページ

1 ❶ 4 じ 1 ぷん
　❷ 5 じ 42 ふん
　❸ 10 じ 17 ふん
　❹ 6 じ 49 ふん
　❺ 7 じ 56 ぷん

　　　★　★　★

1 ❶ 10 じ 39 ふん
　❷ 5 じ 3 ぷん
　❸ 3 じ 28 ふん
　❹ 6 じ 31 ぷん
　❺ 11 じ 59 ふん

25

51・52ページ

1 ❶ 7 じ 14 ふん
　❷ 6 じ 38 ふん
　❸ 2 じ 9 ふん
　❹ 11 じ 32 ふん

2 ❶　❷

　　　★　★　★

1 ❶ 10 じ 59 ふん
　❷ 4 じ 25 ふん
　❸ 3 じ 51 ぷん
　❹ 8 じ 47 ふん

2 あ

てびき 2 ❶の時計は、4 時 56 分
をあらわしています。

26

53・54ページ

1 3 じ 17 ふん
2 ❶ 8 じ 16 ぷん
　❷ 4 じ 59 ふん
　❸ 12 じ
　❹ 11 じ 2 ふん

　　　★　★　★

1

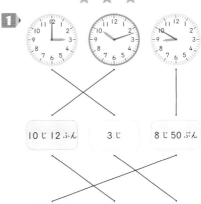

27

55・56ページ

1 ❶ 8 じ　❷ 5 じ 23 ぷん
　❸ 1 じ 30 ぷん
　❹ 6 じ 1 ぷん

2 ❶ 10 じ 10 ぷん
　❷ 2 じ 45 ふん

　　　★　★　★

1 ❶ 11 じ 55 ふん
　❷ 3 じ 26 ぷん
　❸ 4 じ 42 ふん
　❹ 7 じ 9 ふん

2 い

28

57・58ページ

1 ❶ 10 じ
   ❷ 9 じ 30 ぷん
2 ❶ 4 じ 20 ぷん
   ❷ 5 じ 55 ふん
   ❸ 1 じ 14 ぷん
   ❹ 3 じ 15 ふん
      ★　★　★
1 ❶ 2 じ 22 ふん
   ❷ 7 じ 25 ふん
   ❸ 11 じ 39 ふん
   ❹ 8 じ 7 ふん
2 ⓘ

てびき **2** ⓐの時計は、5 時 59 分
をあらわしています。

29

59・60ページ

1 ❶ 6 じ
   ❷ 8 じ 15 ふん
   ❸ 12 じ
   ❹ 4 じ 30 ぷん
      ★　★　★
1 ❶ ただしくない。
   ❷ ひなさん（が　ただしい。）
   ❸ 8 じ 55 ふん

てびき **1** ❷長針が 12 に近づく
と、そらさんの言っているような
「短針がだいたい 9 だから 9 時 55
分」という間違いが多くなります。
8 を通り過ぎて 9 との間にあるの
で、8 時 55 分です。

30

61ページ

1 ❶ 8 じ 19 ふん　❷ 9 じ 22 ふん
   ❸ 10 じ 30 ぷん　❹ 3 じ 6 ぷん
2 ❶

31

62ページ

1 ❶ 6 じ 7 ふん　❷ 11 じ 18 ふん
2 ❶ 1 じ 25 ふん　❷ 2 じ 57 ふん

32

63ページ

1

2 ❶ ⓐ　　　　❷ ⓘ

33

64ページ

1 ❶ 3 じ 26 ぷん
   ❷ 11 じ 4 ぷん
   ❸ 7 じ 39 ふん
   ❹ 1 じ 51 ぷん
2 ⓘ

3 2 1 0 9 8 7 6 5 4
＊　＊　Ｄ　Ｃ　Ｂ　Ａ